I0505128

Agrivoltaico

Un'integrazione sostenibile

di energia solare e agricoltura

Giuseppe Saturno

Copyright © 2023 Giuseppe Saturno
Tutti i diritti riservati.

A tutti coloro che credono nell'innovazione e nella sostenibilità.

Questa dedica è per voi, pionieri del cambiamento e custodi della terra. Nel mondo in cui viviamo, dove l'energia pulita e l'agricoltura sostenibile sono diventati imperativi, siete coloro che tracciano nuove strade.

CONTENUTI

Giuseppe Saturno è un esperto appassionato di permacultura ed energie rinnovabili, con una fervente dedizione a un mondo equo e migliore.

Con oltre 15 anni di esperienza nel campo della permacultura, ha sviluppato competenze e conoscenze approfondite nel promuovere sistemi agricoli sostenibili e pratiche di design ecologico. Fin da giovane, ha manifestato un forte interesse per l'ambiente e la sostenibilità.

Dopo aver completato gli studi in Permacultura, a dedicato la sua vita a diffondere la consapevolezza sui benefici di un approccio integrato alla progettazione ambientale e all'agricoltura. La sua formazione gli ha fornito una solida base teorica e pratica per creare soluzioni sostenibili che migliorino la vita delle persone e preservino le risorse naturali.

Oltre alla sua specializzazione in permacultura, è diventato un esperto nel campo delle energie rinnovabili. La sua passione per la salvaguardia dell'ambiente lo ha spinto a esplorare e adottare soluzioni energetiche sostenibili. Attraverso la sua esperienza, ha acquisito competenze approfondite nella progettazione, installazione e gestione di sistemi solari fotovoltaici, sistemi di energia eolica e altre tecnologie energetiche pulite.

Ciò che lo distingue è la sua visione, forse utopica, di un mondo equo. È un entusiasta sognatore che crede fermamente che ogni individuo possa fare la differenza nella costruzione di una società più sostenibile. La sua dedizione e la sua passione lo hanno spinto a condividere le sue conoscenze e a ispirare gli altri a intraprendere azioni concrete per preservare l'ambiente e creare un futuro migliore per tutti. Oltre al suo lavoro pratico, Giuseppe è anche un oratore apprezzato. Ha tenuto infatti parecchie conferenze e workshop su temi legati alla permacultura, all'energia rinnovabile, e alla sostenibilità in generale, diffondendo la sua visione e incoraggiando le persone a intraprendere tutte le azioni possibili per la salvaguardia dell'ambiente.

CAPITOLO 1 - Introduzione all'agrivoltaico

Definizione di agrivoltaico

L'agrivoltaico (anche agrovoltaico) è un concetto che combina l'agricoltura con l'energia fotovoltaica in un'unica infrastruttura integrata. È una pratica che consiste nell'utilizzare gli stessi terreni agricoli per coltivare piante o alberi e contemporaneamente installare pannelli solari fotovoltaici per la produzione di energia elettrica.

In sostanza, l'agrivoltaico rappresenta l'integrazione sinergica dell'agricoltura e dell'energia solare su un unico sito, in cui i pannelli solari sono installati sopra i campi coltivati o su strutture specifiche come pergolati o serre.

Questa combinazione offre diversi vantaggi. Innanzitutto, l'ombreggiamento fornito dai pannelli solari può ridurre l'intensità della luce solare e la temperatura ambiente, creando un ambiente microclimatico favorevole alle colture, specialmente in aree con elevata insolazione.

L'ombreggiamento può inoltre ridurre l'evaporazione dell'acqua dal terreno, aiutando a conservare le risorse idriche.

L'agrivoltaico consente anche una doppia utilizzazione

del suolo, ottimizzando l'uso dello spazio agricolo senza compromettere la produzione alimentare o l'efficienza energetica. La produzione combinata di cibo e energia può diversificare le entrate degli agricoltori e fornire quindi un reddito supplementare.

Complessivamente, l'agrivoltaico mira a raggiungere un equilibrio tra l'agricoltura sostenibile e la produzione di energia rinnovabile, promuovendo la resilienza ecologica e l'efficienza delle risorse.

Importanza dell'energia solare e dell'agricoltura sostenibile

L'energia solare e l'agricoltura sostenibile sono entrambe di fondamentale importanza per il futuro del nostro pianeta. Vediamo perché:

1. Energia solare:

- **Rinnovabilità**: L'energia solare è una fonte di energia virtualmente inesauribile a differenza delle fonti di energia fossile. Sfruttare l'energia solare ci permette di ridurre la dipendenza dalle fonti non rinnovabili e mitigare gli effetti negativi dei combustibili fossili sull'ambiente, come l'inquinamento atmosferico e l'emissione di gas serra responsabili dei cambiamenti climatici.

- **Accessibilità globale**: Il sole è una risorsa disponibile ovunque nel mondo, anche se in diverse quantità a seconda delle regioni. Sfruttare quest'energia ci consente di generare elettricità in modo **decentralizzato**, portando energia pulita anche a comunità rurali o remote che potrebbero avere difficoltà di accesso alla rete elettrica tradizionale.

- **Riduzione delle emissioni di carbonio**: La produzione di energia solare, a differenza delle centrali elettriche a carbone o a gas, non emette CO_2 o altri gas serra durante il funzionamento. Affermazione ormai banale, sì, ma serve per chiarire definitivamente i concetti che andremo a vedere più avanti.

2. Agricoltura sostenibile:

- **Sicurezza alimentare**: Un'agricoltura veramente sostenibile adotta pratiche che mantengono la fertilità del suolo, conservano l'acqua e riducono l'uso di pesticidi e fertilizzanti sintetici. Questo contribuisce a preservare la produttività delle terre agricole a lungo termine, garantendo la sicurezza alimentare per le generazioni future. E non solo per quelle future...

- **Conservazione delle risorse**: Questo tipo di agricoltura mira a utilizzare in modo efficiente le risorse naturali come l'acqua o il lavoro umano, riducendo gli sprechi e minimizzando l'impatto ambientale. Ciò comprende l'adozione di pratiche di irrigazione efficienti, la gestione delle acque reflue e il ricorso a fonti energetiche rinnovabili per le operazioni agricole necessarie.

- **Biodiversità e salute degli ecosistemi**: L'agricoltura sostenibile promuove ovviamente la biodiversità, attraverso la diversificazione delle colture, la conservazione degli habitat naturali e la riduzione dell'uso di prodotti chimici dannosi. Questi accorgimenti contribuiscono a preservare gli ecosistemi, mantenere l'equilibrio ecologico e proteggere la salute delle piante, degli animali e degli esseri umani.

- **Resilienza ai cambiamenti climatici**: L'agricoltura fatta in modo sostenibile adotta solo pratiche che migliorano la resilienza delle colture e degli ecosistemi agricoli ai cambiamenti climatici. Ciò include la selezione di varietà resistenti, l'uso di tecniche di conservazione del suolo e la gestione sostenibile delle risorse idriche. In questo modo, contribuisce non solo a mitigare gli impatti negativi dei cambiamenti climatici sull'agricoltura stessa, ma anche sulla società nel suo complesso.

In sintesi, possiamo già affermare che l'energia solare e l'agricoltura sono i due pilastri fondamentali per il futuro. Integrare la produzione dell'energia nell'agricoltura può portare a una produzione alimentare più efficiente ed ecologicamente sostenibile, migliorando la resilienza delle comunità agricole ai cambiamenti climatici.

Vantaggi e sfide dell'agrivoltaico

L'agrivoltaico offre una serie di vantaggi significativi, ma anche sfide che devono essere ancora affrontate. Esploriamo meglio ciò che abbiamo accennato:

I vantaggi:

Utilizzo efficiente del suolo: L'agrivoltaico consente di sfruttare lo stesso terreno per la produzione di energia solare e agricoltura e/o allevamento. Questa doppia utilizzazione del suolo consente di massimizzare l'efficienza e la resa dell'area agricola, evitando la necessità di dedicare terreni separati per l'agricoltura e l'energia solare.

Microclima favorevole alle colture: L'installazione dei pannelli solari fornisce ombreggiamento alle colture sottostanti, riducendo l'intensità della luce solare e la temperatura ambiente. Questo crea un microclima più fresco e umido, che può favorire la crescita delle piante, specialmente in regioni con elevate temperature o scarsità di acqua.

Risparmio idrico: Gli impianti fotovoltaici possono ridurre l'evaporazione dell'acqua dal suolo, poiché l'ombreggiamento fornito dai pannelli riduce l'esposizione diretta al sole. Ciò aiuta a conservare le risorse idriche, rendendo l'irrigazione più efficiente e riducendo la quantità di acqua necessaria per coltivare le piante.

Diversificazione delle fonti di reddito: L'agrivoltaico offre la possibilità di generare entrate aggiuntive per gli agricoltori. Oltre alla produzione di cibo o altre colture, la vendita dell'energia solare prodotta può rappresentare una fonte di reddito stabile. Questa diversificazione delle fonti di reddito può rendere le aziende agricole più resilienti e sostenibili dal punto di vista economico.

Riduzione delle emissioni di carbonio: Ovvio, l'uso dell'energia solare nel contesto agricolo contribuisce alla transizione verso un'economia a basse emissioni di carbonio.

...E le sfide:

Design e pianificazione del sistema: La progettazione e l'installazione di un sistema agrivoltaico richiedono una pianificazione accurata. È necessario considerare vari fattori, come l'orientamento dei pannelli solari, l'altezza delle strutture di supporto e la scelta delle colture compatibili. Una pianificazione attenta è essenziale per massimizzare i benefici sia dell'agricoltura che dell'energia solare.

Competizione per l'uso del suolo: L'agrivoltaico richiede chiaramente uno spazio adeguato per l'installazione dei pannelli. Ciò può comportare una competizione per l'uso del suolo tra l'agricoltura e la produzione di energia solare. È necessario trovare un equilibrio tra le due attività e valutare attentamente l'impatto sull'agricoltura e sulla produzione alimentare.

Gestione delle colture e manutenzione: La gestione delle colture in un sistema agrivoltaico rappresenta ancora una sfida. È importante prendere in considerazione l'ombreggiamento e l'accesso alla luce solare per le piante sottostanti nonché lo spazio per lavorarci. Inoltre, anche la manutenzione dei pannelli solari deve essere considerata per garantire il corretto funzionamento del sistema.

Costi finanziari: L'installazione di un sistema agrivoltaico può richiedere un investimento iniziale significativo. I costi includono l'acquisto dei pannelli solari, le strutture di supporto e l'installazione del sistema. Tuttavia, i vantaggi a lungo termine, come la riduzione dei costi energetici e la diversificazione delle entrate agricole, compensano questi costi iniziali. Ed é anche vero che si può partire con un'installazione minima e scalabile per poi aumentarla in seguito.

Integrazione e regolamentazione: L'integrazione dell'agrivoltaico nel contesto delle politiche e delle regolamentazioni (per lo meno in Italia) può essere una gatta da pelare. È ancora necessario sviluppare normative chiare e incentivi appropriati per promuovere l'adozione dell'agrivoltaico. Inoltre, potrebbero essere necessarie collaborazioni tra diverse parti interessate, tra cui agricoltori, aziende energetiche e governi, per facilitare l'implementazione di progetti agrivoltaici su larga scala.

Affrontare queste sfide richiederebbe a livello governativo una pianificazione accurata, la collaborazione tra settori e un impegno a lungo termine per sviluppare soluzioni innovative. Nonostante queste sfide e qualche ostacolo da superare, l'agrivoltaico offre un potenziale significativo per unire l'agricoltura e la produzione di energia.

Va anche aggiunto che quella dell'agrivoltaico **è una tecnica molto nuova**, non ci sono molti studi validi globalmente e nemmeno esperti di lunga data!

Dobbiamo esperimentare ancora parecchio e per questo ogni esperienza fatta é come un mattone in più.

Con questo libro continuiamo appunto a fissare le basi e a cercare di dare a tutti gli strumenti per partire e fare la propria esperienza.

CAPITOLO 2 - Fondamenti dell'energia solare

Concetti di base sul fotovoltaico

Come tutti sanno, l'energia solare è l'energia che proviene dalla luce del sole, ed é rinnovabile e gratuita, il che significa che non si esaurisce e non contribuisce all'esaurimento delle tanto preziose risorse naturali. Quest'energia può essere convertita in energia utilizzabile attraverso diverse tecnologie, come i pannelli fotovoltaici o i pannelli solari termici.

I pannelli fotovoltaici trasformano la luce solare in energia elettrica utilizzando le celle fotovoltaiche. Quando i fotoni della luce colpiscono le celle fotovoltaiche, generano un flusso di elettroni che crea una corrente elettrica. Questa é la corrente utilizzata per alimentare tutto ciò che ci serve o per essere accumulata in batterie.

I pannelli solari termici, d'altra parte, assorbono il calore del sole per riscaldare l'acqua o altri fluidi. Questo calore può essere utilizzato per scopi domestici come riscaldamento degli ambienti, produzione di acqua calda sanitaria o riscaldamento delle serre.

Gli impianti solari possono essere installati su tettoie, tetti degli edifici, terreni o altre superfici esposte al sole. Come già accennato, a seconda di dove vi troviate le cose cambiano. Per avere un'idea dell'accessibilità e dell'intensità nella vostra zona consiglio di cercare "PHOTOVOLTAIC GEOGRAPHICAL INFORMATION SYSTEM" su Google.

Per saperne di più:

Un pannello fotovoltaico, anche chiamato pannello solare, è un dispositivo che sfrutta l'effetto fotovoltaico per convertire la luce solare in energia elettrica. Il suo funzionamento si basa su principi scientifici legati alla semiconduzione e all'effetto fotovoltaico.

All'interno di un pannello fotovoltaico, sono presenti celle fotovoltaiche costituite da materiali semiconduttori, di solito silicio. Questi materiali sono trattati in modo da creare uno strato p-n, ovvero uno strato con una zona ricca di elettroni (n) e una zona con un'eccedenza di lacune (p). Questa configurazione crea una giunzione p-n, che è fondamentale per il funzionamento delle celle fotovoltaiche.

Quando i fotoni della luce solare colpiscono le celle fotovoltaiche, vengono assorbiti dai materiali semiconduttori. L'energia dei fotoni viene trasmessa agli elettroni presenti nella zona ricca di elettroni (n) e li eccita, consentendo loro di superare la barriera di energia presente nella giunzione p-n. Questo fenomeno crea una separazione di carica all'interno della cella, con gli elettroni che si muovono verso l'esterno, lungo il circuito elettrico collegato al pannello fotovoltaico.

Il flusso degli elettroni crea una corrente elettrica utilizzata appunto per alimentare dispositivi elettrici o essere immagazzinata in batterie per un utilizzo futuro. Il pannello fotovoltaico è in grado di produrre energia elettrica finché è esposto alla luce solare, anche non necessariamente diretta, e la sua capacità di generare elettroni eccitati dipende dall'intensità e dalla frequenza dei fotoni incidenti.

Per garantire un flusso di corrente costante e una tensione appropriata, i pannelli fotovoltaici sono spesso collegati in serie o in parallelo per formare moduli o array. Questi moduli possono essere combinati in sistemi solari più ampi per soddisfare le esigenze energetiche di un edificio o di un'impianto. È importante notare che l'efficienza dei pannelli fotovoltaici può variare a seconda della tecnologia utilizzata, dei materiali impiegati e delle condizioni ambientali. Gli sviluppi continui nella ricerca e nell'innovazione tecnologica mirano a migliorare l'efficienza e la resa dei pannelli fotovoltaici, rendendoli sempre più competitivi come fonte di energia sostenibile e a basso impatto ambientale.

Le unità di misura comuni per i pannelli solari includono il **watt** *(W) e il* **kilowatt** *(kW), che rappresentano la potenza nominale del pannello solare. La potenza nominale indica la quantità di energia che il pannello può generare sotto determinate condizioni standard di irraggiamento solare.*

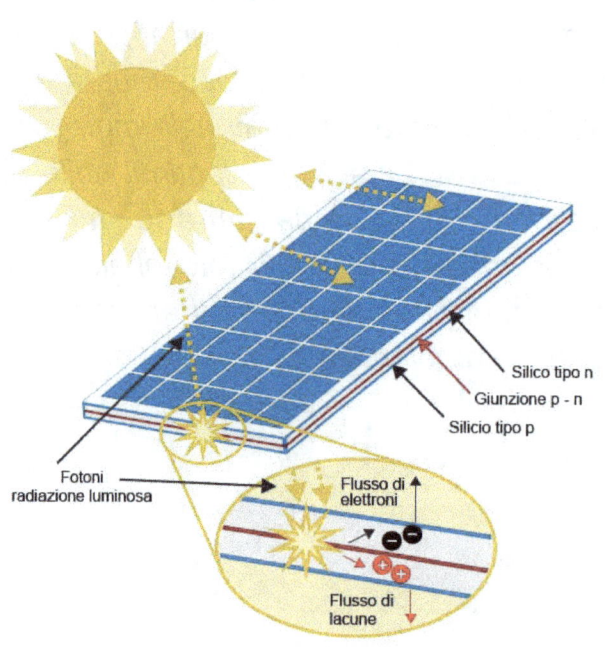

Lo stoccaggio dell'energia prodotta dai pannelli solari e la sua trasformazione in corrente alternata (**AC**) sono due aspetti importanti del sistema solare completo. **Stoccaggio dell'energia:** Quando i pannelli solari generano energia elettrica, questa può essere utilizzata immediatamente o può essere immagazzinata per un utilizzo futuro. Lo stoccaggio dell'energia è particolarmente importante quando l'energia prodotta supera la domanda immediata o quando il sole non è presente, ad esempio di notte o durante giorni nuvolosi. Le batterie sono spesso utilizzate per lo stoccaggio dell'energia solare. L'energia elettrica prodotta in eccesso dai pannelli solari viene immagazzinata nelle batterie per essere utilizzata in seguito quando necessario.

Trasformazione in corrente alternata (AC): L'energia prodotta dai pannelli solari è in corrente continua (DC), ma la maggior parte degli apparecchi e delle reti elettriche utilizza corrente alternata (AC). Pertanto, è necessario convertire l'energia DC prodotta dai pannelli solari in energia AC utilizzabile. Questa conversione viene effettuata utilizzando un **inverter** solare. L'inverter converte l'energia DC in energia AC, rendendola compatibile con gli apparecchi e consentendo l'inserimento dell'energia solare nella rete elettrica domestica o nella rete pubblica.

L'efficienza dello stoccaggio dell'energia e della conversione in AC è un aspetto importante da considerare nella progettazione e nell'installazione di un sistema solare. Le tecnologie di stoccaggio dell'energia, come le batterie, stanno migliorando costantemente in termini di capacità, efficienza e durata. Allo stesso modo, gli inverter solari stanno diventando sempre più efficienti ed evoluti per garantire una conversione affidabile e di alta qualità dell'energia solare in AC.

Tecnologie solari utilizzate nell'agrivoltaico

Ecco alcune delle tecnologie utilizzate:

Pannelli solari fotovoltaici: I pannelli solari fotovoltaici sono la tecnologia solare più diffusa nell'agrivoltaico. Possono essere installati su supporti sopraelevati o su strutture come pergolati, capannoni o tettoie all'interno dell'area agricola, consentendo contemporaneamente la coltivazione delle piante sottostanti.

Tetti solari agricoli: Questa tecnologia sfrutta gli spazi sopra i capannoni o le strutture agricole per l'installazione di pannelli solari fotovoltaici. I tetti solari agricoli non solo generano energia solare, ma forniscono anche protezione dalle intemperie alle strutture sottostanti, come i magazzini agricoli e le attrezzature.

Strutture ombreggianti solari: Queste strutture sono progettate per fornire ombra alle colture agricole, proteggendole dai raggi solari diretti eccessivi, mentre allo stesso tempo generano energia solare. Possono essere realizzate con pannelli solari fotovoltaici trasparenti o semitrasparenti che consentono alla luce di passare attraverso, fornendo un'adeguata quantità di luce solare alle piante. Vedremo i diversi tipi tra poco.

Pompe solari: Le pompe solari sono utilizzate per l'irrigazione delle colture agricole e utilizzano ovviamente l'energia solare. Queste pompe sono alimentate direttamente dai pannelli, eliminando la necessità di una connessione elettrica esterna o di un generatore diesel. Le pompe solari sono utili nelle aree rurali o remote dove l'accesso all'energia elettrica tradizionale é limitato.

Illuminazione solare: L'illuminazione solare è spesso utilizzata negli spazi agricoli per l'illuminazione notturna delle aree di lavoro, degli edifici o dei sentieri. I sistemi di illuminazione solare sfruttano l'energia solare per alimentare le luci LED, offrendo un'alternativa sostenibile ed economica all'illuminazione tradizionale.

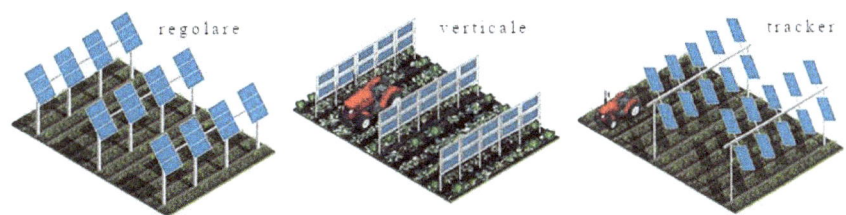

Le variabili per la progettazione di un impianto agrivoltaico includono la scelta della struttura (fissa o mobile), l'altezza da terra, i materiali e le caratteristiche, la distanza tra i moduli, l'angolo di inclinazione e il tipo e la percentuale di ombreggiamento desiderati.

Un impianto agrivoltaico è costituito da un sistema di funzionamento (fisso o a inseguimento), una struttura portante e un ancoraggio a terra. Tutti i tipi di moduli solari possono essere utilizzati, ma i più comuni sono quelli con celle solari in silicio, che rappresentano la maggior parte del mercato fotovoltaico globale. Questi moduli sono composti da una lastra di vetro sul fronte e una pellicola coprente bianca sul retro, montate su un telaio metallico. Le celle solari sono collegate in serie e laminati tra i due elementi. Un telaio metallico viene utilizzato per il montaggio e la stabilità.

Il sistema agrivoltaico può essere fisso (verticale, orizzontale, inclinato) o variabile (a inseguimento mono o biassiale). Nei sistemi a inseguimento, i moduli seguono il movimento del sole utilizzando un meccanismo di tracciamento. L'inseguimento monoassiale segue il sole in orizzontale, mentre l'inseguimento biassiale ottimizza sia l'elevazione che l'azimut. Questo tipo di sistema può massimizzare la resa energetica, ma comporta maggiori costi di acquisto e manutenzione.

La struttura portante deve essere adeguata alle esigenze dell'impianto, tenendo conto dell'altezza libera e della distanza tra le file. Una buona altezza libera garantisce una distribuzione uniforme della luce sotto il sistema e permette l'accesso delle macchine agricole. L'ancoraggio a terra o la fondazione sono importanti per garantire la stabilità dell'impianto agrivoltaico. Oltre alle soluzioni in cemento permanenti, ci sono alternative ecologiche come le fondazioni su pali o il sistema Spinnanker (o Spinanchor), che possono essere rimossi senza lasciare traccia.

CAPITOLO 3 - Principi di base dell'agricoltura sostenibile

Concetti fondamentali

L'agricoltura sostenibile è un approccio che mira a coltivare cibo e a produrre risorse agricole in modo ecologicamente sano, socialmente equo ed economico. Questo approccio tiene conto dei bisogni delle generazioni presenti senza compromettere la capacità di quelle future di soddisfare i propri bisogni. Ecco i punti principali:

Conservazione delle risorse naturali: L'agricoltura sostenibile si impegna a conservare le risorse naturali, come il suolo, l'acqua e la biodiversità. Ciò significa adottare pratiche di gestione del suolo che riducano l'erosione, la compattazione e l'esaurimento dei nutrienti. Inoltre, si promuovono metodi di irrigazione efficienti per conservare l'acqua e si preservano gli habitat naturali per favorire la biodiversità e azzerare l'inquinamento.

Riduzione dell'utilizzo di input chimici: L'agricoltura sostenibile cerca di ridurre l'utilizzo di fertilizzanti chimici e pesticidi sintetici che possono avere effetti negativi sull'ambiente, sulla salute umana e sulla qualità del suolo e dell'acqua. Si promuove l'uso di pratiche agricole alternative, come la rotazione delle colture, la coltivazione intercalare, il compostaggio e il controllo biologico delle infestanti e delle malattie.

Promozione della biodiversità e degli ecosistemi: L'agricoltura sostenibile si preoccupa di promuovere la biodiversità e gli ecosistemi agricoli sani. Ciò include la conservazione delle specie native, la creazione di habitat per la fauna selvatica, la promozione della pollinizzazione naturale e la gestione integrata delle infestanti e delle malattie.

Conservazione delle risorse idriche: Questo tipo di agricoltura adotta solo pratiche di gestione dell'acqua che riducano l'uso e lo spreco di acqua. Ciò può includere l'irrigazione a goccia, la raccolta e l'utilizzo delle acque piovane, la gestione dei bacini idrici e la protezione delle risorse idriche da inquinamenti eccessivi.

Valorizzazione delle comunità locali e dei lavoratori agricoli: L'agricoltura fatta bene si impegna anche a creare condizioni di lavoro dignitose e a promuovere la partecipazione delle comunità locali nelle decisioni riguardanti le pratiche agricole. Ciò include il rispetto dei diritti dei lavoratori agricoli, la promozione dell'occupazione locale e lo sviluppo di sistemi alimentari locali che favoriscano la sicurezza alimentare e la resilienza delle comunità.

L'agricoltura sostenibile è un approccio olistico che integra principi ambientali, sociali ed economici per creare un sistema agricolo equilibrato e sostenibile nel lungo termine. Promuove la salute dell'ambiente, la salute umana e la prosperità economica, cercando di raggiungere un equilibrio tra le esigenze della produzione agricola e la conservazione delle risorse naturali.

Importanza della conservazione delle risorse naturali

La conservazione delle risorse riveste un'importanza fondamentale per il benessere del nostro pianeta e di noi stessi. E dovremmo ormai averlo capito tutti...

Le risorse naturali, come il suolo, l'acqua, le foreste e la famosa **biodiversità**, costituiscono l'essenza stessa della vita sulla Terra e il loro equilibrio è cruciale per il mantenimento degli ecosistemi e per la nostra sopravvivenza.

La conservazione delle **risorse naturali** è importante per diversi motivi che spesso dimentichiamo. Innanzitutto, l'equilibrio ecologico dipende dalla disponibilità e dal corretto utilizzo di queste risorse. Il **suolo fertile** è essenziale per la produzione di cibo e per la crescita delle piante. Senza una gestione corretta del suolo, l'agricoltura diventa meno produttiva e la sicurezza alimentare è messa a rischio. Inoltre, **l'acqua** è una risorsa vitale per la vita. La sua disponibilità e qualità sono fondamentali per il mantenimento degli ecosistemi acquatici e anche per soddisfare i bisogni delle comunità umane. La conservazione delle **foreste** è cruciale per diversi motivi. Le foreste sono habitat per numerose specie vegetali e animali, contribuendo alla biodiversità. Inoltre, svolgono un ruolo fondamentale nella cattura di carbonio e nella mitigazione dei cambiamenti climatici. La deforestazione e l'uso non sostenibile delle foreste possono portare alla perdita di biodiversità, all'erosione del suolo e all'aumento delle emissioni di gas serra, contribuendo all'accelerazione dei cambiamenti climatici.

Ripetiamolo pure, la conservazione della biodiversità è di estrema importanza per preservare la diversità della vita sulla Terra! Solo essa fornisce i servizi ecosistemici essenziali, come la pollinizzazione delle piante, la regolazione del clima, la purificazione dell'acqua e la protezione dalle calamità naturali. Inoltre, molte specie vegetali e animali sono fonti di alimenti, medicine e materiali naturali utilissime per l'uomo.

In definitiva, la conservazione delle risorse naturali è fondamentale per garantire l'equilibrio ecologico, la sopravvivenza delle specie, la sicurezza alimentare e il benessere delle comunità umane. Promuovere pratiche sostenibili di gestione e preservazione delle risorse naturali è un **impegno collettivo** che richiede la partecipazione attiva di governi, istituzioni, imprese e soprattutto individui. Solo attraverso la conservazione delle risorse possiamo garantirci un futuro.

"Quando avranno inquinato l'ultimo fiume, abbattuto l'ultimo albero, preso l'ultimo bisonte, pescato l'ultimo pesce, solo allora si accorgeranno di non poter mangiare il denaro accumulato nelle loro banche".

Riduzione dell'impatto ambientale dell'agricoltura convenzionale

La riduzione dell'impatto ambientale dell'agricoltura convenzionale si riferisce alla pratica di adottare misure e strategie per mitigare gli effetti negativi che l'agricoltura tradizionale può avere sull'ambiente. L'agricoltura convenzionale, che spesso fa un ampio uso di fertilizzanti chimici, pesticidi sintetici e metodi intensivi di produzione, ha una serie di impatti ambientali dannosi, come l'inquinamento del suolo e dell'acqua, la perdita di biodiversità e l'emissione di gas serra.

Per ridurre l'impatto ambientale negativo dell'agricoltura convenzionale, sono già state sviluppate diverse strategie e pratiche:

Pratiche di gestione del suolo: Si promuove l'adozione di pratiche che migliorano la qualità del suolo e riducono l'erosione, come la **rotazione delle colture**, l'uso di **coperture vegetali**, la **coltivazione conservativa** e il **compostaggio**. Queste pratiche aiutano a preservare la struttura del suolo, a mantenere la sua fertilità e a ridurre il rischio di erosione.

Gestione integrata delle infestanti e delle malattie: Si incoraggia l'adozione di approcci integrati per la gestione delle infestanti e delle malattie, che riducono la dipendenza dai pesticidi sintetici. Ciò include l'uso di metodi biologici e naturali di controllo delle infestanti e delle malattie, la scelta di varietà resistenti e la rotazione delle colture.

Riduzione dell'uso di input chimici: Si cerca di limitare l'uso di fertilizzanti chimici e pesticidi sintetici, provando alternative più naturali. Questo può includere l'adozione di tecniche di fertilizzazione mirate, l'uso di fertilizzanti organici, come il compostaggio e il letame animale.

Conservazione dell'acqua: Si promuovono pratiche di gestione dell'acqua che riducono l'uso e lo spreco di acqua nelle attività agricole. Ciò può includere l'irrigazione a goccia e pacciamatura, l'utilizzo di sistemi di irrigazione a basso consumo idrico e anche, dove possibile, la scelta delle colture in base alla necessità di acqua.

Promozione della biodiversità agricola: Si cerca di conservare e la promuovere la biodiversità agricola, ad esempio attraverso la coltivazione di sole piante locali, la creazione e la preservazione di habitat per la fauna selvatica e la salvaguardia di insetti come le api. La biodiversità agricola é ciò che più favorisce la resilienza degli ecosistemi agricoli e contribuisce alla stabilità delle colture.

...E la Permacultura, alla quale preferisco dedicare un paragrafo a parte per una brevissima e molto riduttiva introduzione...

Permacultura

La permacultura è un sistema di progettazione e di pratica che si basa sui principi dell'ecologia e dell'etica per creare sistemi sostenibili che soddisfano i bisogni delle persone e della natura. Il termine "permacultura" deriva dalla combinazione delle parole "permanent agriculture" (agricoltura permanente) e "culture" (cultura), evidenziando l'obiettivo di creare sistemi agricoli e sociali che siano sostenibili nel lungo termine.

È stata sviluppata negli anni '70 in Australia da **Bill Mollison** e **David Holmgren**. I due fondatori hanno combinato le loro conoscenze di ecologia, agricoltura, antropologia e sistemi di design per sviluppare un approccio integrato e olistico per la progettazione di sistemi sostenibili. Nel 1978, Mollison e Holmgren pubblicarono il libro *"Permaculture One"*, che è considerato il testo fondamentale della permacultura.

La permacultura si basa su tre etiche fondamentali: prendersi **cura della Terra**, prendersi **cura delle persone** e **condividere in modo equo** le risorse. Queste etiche guidano le decisioni e le azioni dei permacultori nella progettazione e nella gestione dei sistemi. La permacultura incorpora anche dodici principi di progettazione che forniscono linee guida per la creazione di sistemi sostenibili, tra cui l'uso delle risorse con parsimonia, la progettazione per la resilienza e la promozione della diversità.

La permacultura va oltre l'agricoltura e include una visione più ampia di sistemi di vita sostenibile. Si applica non solo all'agricoltura, ma anche all'architettura, al design del paesaggio, alla gestione delle acque, all'energia rinnovabile, all'educazione, all'economia e alla comunità. L'obiettivo è creare sistemi integrati che siano in armonia con i processi naturali, che promuovano la biodiversità, che siano efficienti dal punto di vista energetico e che soddisfino i bisogni delle persone in modo sostenibile.

Ha avuto un impatto significativo nel movimento ambientalista e nella progettazione sostenibile ed è diventata una filosofia di vita per molti che cercano di vivere in modo più armonioso con l'ambiente naturale. La permacultura è stata adottata in tutto il mondo, con progetti e comunità permaculturali che implementano i principi e le pratiche della permacultura per creare modelli di vita sostenibile e resiliente.

Il problema dell'agricoltura attuale è l'essere finalizzato alla produzione di soldi e non di cibo.

— Bill Mollison —

CAPITOLO 4 - Design e pianificazione di un sistema agrivoltaico

Scegliere la posizione e l'orientamento ideale

La scelta della posizione e dell'orientamento ideale per un impianto agrivoltaico dipende da diversi fattori che vanno presi in considerazione e richiede un'analisi approfondita delle condizioni locali, delle esigenze delle colture agricole e delle capacità tecniche ed economiche. Ecco alcuni punti chiave da considerare durante la selezione della posizione:

Esposizione solare: È fondamentale posizionare l'impianto agrivoltaico in un'area con una buona esposizione al sole. Ciò significa che l'area dovrebbe essere esposta direttamente alla luce solare per la maggior parte della giornata. Un'analisi accurata dell'irraggiamento solare può essere utile per determinare l'idoneità di un'area specifica. Nel capitolo 2 vi ho indicato un sito utile per un'analisi accurata.

Ombreggiamento: È importante valutare la presenza di eventuali ostacoli che potrebbero causare ombreggiamenti significativi sull'impianto agrivoltaico. Gli alberi, gli edifici o altre strutture possono ridurre l'efficienza del sistema fotovoltaico e influire sulla crescita delle piante.

Topografia del terreno: La topografia del terreno può influire sull'efficienza del sistema agrivoltaico. È preferibile scegliere un terreno relativamente pianeggiante per facilitare l'installazione dei pannelli solari e garantire un'adeguata esposizione al sole.

Condizioni del suolo e drenaggio: È importante considerare la qualità del suolo e la sua capacità di drenaggio. Un terreno ben drenato aiuta a prevenire l'accumulo di acqua e il rischio di ristagno, che potrebbero danneggiare sia i pannelli solari che le colture agricole.

Accessibilità e infrastrutture: È necessario valutare l'accessibilità all'area per facilitare l'installazione, la manutenzione e la gestione dell'impianto agrivoltaico. Inoltre, è importante considerare la presenza di infrastrutture, come l'accesso all'elettricità e alla rete di distribuzione, per garantire una corretta connessione del sistema fotovoltaico.

Considerazioni agronomiche: È fondamentale prendere in considerazione le esigenze specifiche delle colture agricole che saranno coltivate nell'area agrivoltaica. Alcune colture possono richiedere condizioni di esposizione diverse o beneficiare di alcune caratteristiche del terreno. L'interazione tra l'energia solare e la coltivazione delle piante deve essere attentamente valutata per massimizzare i benefici per entrambi i sistemi.

Selezione delle colture compatibili con l'agrivoltaico

La selezione delle colture compatibili con l'agrivoltaico è un aspetto importante per garantire il successo e la produttività del sistema. L'obiettivo è trovare colture che possano coesistere in simbiosi con i pannelli solari, sfruttando al meglio lo spazio e ottimizzando le risorse disponibili. Ecco alcuni fattori da considerare durante la selezione delle colture:

Altezza e portamento delle colture: Scegliere colture che non ostacolino l'irraggiamento solare sui pannelli solari. Colture a bassa altezza o a portamento verticale, come erbe aromatiche, verdure a foglia, fiori o arbusti compatti, sono spesso più adatte in quanto non interferiscono con la produzione di energia solare.

Ciclo di crescita: È importante selezionare colture con cicli di crescita compatibili con la produzione di energia solare. Ad esempio, colture annuali o biennali che vengono raccolte o sostituite prima che le foglie dei pannelli solari si coprano di ombra possono essere una scelta adeguata.

Tolleranza all'ombreggiamento: Nonostante si cerchi di ridurre l'ombreggiamento, è inevitabile che i pannelli solari creino ombra sulle colture sottostanti. Pertanto, è importante selezionare colture che siano tolleranti all'ombra parziale e possano continuare a crescere e svilupparsi anche in queste condizioni.

Esigenze idriche: Considerare le esigenze idriche delle colture e la disponibilità di risorse idriche nell'area. Scegliere colture che richiedono quantità simili di acqua può facilitare la gestione dell'irrigazione nel sistema agrivoltaico.

Biodiversità e sinergie ecologiche: Promuovere la biodiversità nel sistema agrivoltaico può avere benefici ecologici significativi. Scegliere colture che attraggono insetti impollinatori, che respingono le infestanti o che favoriscono il controllo biologico dei parassiti può aiutare a creare un equilibrio ecologico nel sistema.

Scelta economica: Anche se non sarebbe una cosa vista bene da Toro Seduto e dai fondatori della Permacultura, bisognerebbe valutare la redditività delle colture selezionate in relazione ai costi di produzione e ai mercati di vendita. Scegliere colture di valore commerciale che siano richieste nel mercato può contribuire alla sostenibilità economica del sistema agrivoltaico.

L'obiettivo finale è creare una combinazione di colture e pannelli solari che si supportino reciprocamente e massimizzino la produzione di cibo e energia sostenibile.

Nell'ambito dell'agrivoltaico, esistono diverse colture che si adattano bene a questo sistema combinato di produzione di energia solare e agricoltura. Queste colture sono selezionate in base alle loro caratteristiche e capacità di crescere e prosperare in un ambiente che include pannelli solari. Vediamo alcuni esempi di colture che sono spesso considerate adatte per l'agrivoltaico.

L e **erbe aromatiche**, come la **menta**, il **prezzemolo**, il **basilico**, l a **salvia** e l a **lavanda**, sono una scelta popolare. Sono piante di bassa altezza che non richiedono una luce solare diretta prolungata e possono essere facilmente coltivate tra i pannelli solari.

L e **verdure a foglia**, come la **lattuga**, gli **spinaci** e la **rucola**, sono anch'esse adatte per l'agrivoltaico. Queste colture sono caratterizzate da un ciclo di crescita rapido.

L e **piante rampicanti a basso sviluppo**, come i **piselli rampicanti**, i **fagioli** o le **zucchine**, possono crescere verticalmente senza interferire con i pannelli solari, sfruttando efficacemente lo spazio disponibile.

Alcuni fiori a bassa altezza, come i **girasoli nani** o le **calendule**, possono essere coltivati nell'ambiente agrivoltaico, aggiungendo valore estetico all'area e attrattività per gli impollinatori benefici.

Inoltre, alcune varietà di **arbusti da frutto**, come i **mirtilli**, l e **more** o le **fragole**, sono adatte per l'agrivoltaico. Questi arbusti compatti possono essere coltivati tra i pannelli solari senza creare ombreggiamenti significativi.

CAPITOLO 5 - Impatto dell'ombreggiamento sulle colture

Studio degli effetti dell'ombreggiamento

Gli studi sugli effetti dell'ombreggiamento sulle piante sono fondamentali per comprendere come la presenza di strutture come i pannelli solari nell'agricoltura possa influenzare la crescita e la salute delle colture. Questi studi ci permettono di valutare gli impatti positivi o negativi dell'ombreggiamento sulle piante e di adottare strategie appropriate per massimizzare la produttività nell'ambiente agrivoltaico.

Quando si parla di ombreggiamento delle piante, è importante considerare diversi aspetti. Innanzitutto, l'intensità e la durata dell'ombra variano a seconda della posizione dei pannelli solari, dell'angolazione, delle dimensioni delle strutture e dell'andamento del sole durante la giornata.

Gli effetti dell'ombreggiamento sulle piante dipendono da vari fattori, tra cui il tipo di coltura, il periodo di ombreggiamento, l'intensità della luce solare ridotta e le condizioni ambientali circostanti. In generale, l'ombreggiamento può influire sui seguenti aspetti:

Fotosintesi e crescita delle piante: L'ombreggiamento riduce l'intensità della luce solare che raggiunge le piante, influenzando la fotosintesi, il processo attraverso il quale le piante convertono la luce solare in energia chimica per la crescita. Una ridotta esposizione alla luce solare può limitare la capacità delle piante di produrre sostanze nutritive e di crescere in modo ottimale.

Sviluppo morfologico: L'ombreggiamento può influenzare il comportamento morfologico delle piante, ad esempio determinando una maggiore crescita in altezza (fototropismo positivo) per raggiungere la luce solare o una ridotta ramificazione laterale.

Produzione di fiori e frutti: L'ombreggiamento può influire sulla produzione di fiori e frutti. Alcune piante potrebbero avere una ridotta capacità di fioritura o una diminuzione nella qualità e quantità dei frutti prodotti a causa della ridotta esposizione alla luce solare.

Competizione con le erbacce: L'ombreggiamento può influenzare anche la competizione delle piante con le erbacce. La ridotta luce solare può favorire la crescita delle erbacce, che si trovano a dover competere con le colture agricole per l'acqua, i nutrienti e lo spazio.

Per comprendere appieno gli effetti dell'ombreggiamento sulle piante nell'ambiente agrivoltaico, è necessario condurre studi specifici su diverse colture, valutando la loro tolleranza all'ombra e adattando le pratiche agronomiche di conseguenza. È possibile adottare diverse strategie per mitigare gli effetti negativi dell'ombreggiamento, come la scelta di colture adattate all'ombra parziale, l'ottimizzazione della disposizione dei pannelli solari e l'implementazione di tecniche di gestione del suolo e dell'irrigazione.

Gli studi sugli effetti dell'ombreggiamento sulle piante nell'ambito dell'agrivoltaico sono un campo di ricerca in continua evoluzione, poiché l'obiettivo è trovare un equilibrio ottimale tra la produzione di energia solare e l'efficienza agricola. Queste ricerche ci consentono di adottare pratiche agrivoltaiche sempre più sostenibili e di massimizzare i benefici sia in termini di produzione di energia rinnovabile che di produzione agricola. Come già accennato però, non esistono ancora regole valide per chiunque, per questo è importante armarsi di tutte le conoscenze già disponibili e sperimentare per se stessi!

Protezione dai danni del sole e dagli eventi meteorologici estremi. L'ombra riduce l'evaporazione e mantiene l'umidità del suolo. Diminuisce la temperatura del suolo nelle giornate calde.

Adattamento delle colture all'ombreggiamento

Le colture agricole possono comunque adattarsi all'ombra in vari modi per ottimizzare la loro crescita e la produzione. Questi sono alcuni dei meccanismi di adattamento che le piante utilizzano per fronteggiare l'ombreggiamento:

Fototropismo positivo: Molte piante presentano una risposta chiamata fototropismo positivo, che significa che tendono a crescere verso la luce. Quando sono ombreggiate, le piante estendono i loro fusti o le loro foglie verso le fonti di luce disponibili per massimizzare l'assorbimento di energia solare.

Aumento dell'efficienza fotosintetica: Le piante ombreggiate possono adattarsi anche aumentando l'efficienza del processo di fotosintesi. Ciò può avvenire attraverso la modifica dell'architettura fogliare, ad esempio sviluppando foglie più sottili o più larghe per catturare più luce, o aumentando la concentrazione di clorofilla nelle foglie per massimizzare l'assorbimento di luce disponibile.

Riduzione della crescita laterale: Le piante ombreggiate possono ridurre la crescita laterale, concentrandosi invece sulla crescita verticale per raggiungere la luce disponibile. Questo può portare a una maggiore altezza delle piante e a una ridotta ramificazione laterale.

Adattamento dei tempi di fioritura: Alcune piante possono persino regolare i tempi di fioritura. Possono fiorire in periodi in cui c'è maggiore disponibilità di luce solare o possono estendere la durata della fioritura per massimizzare la produzione di semi o frutti.

Sviluppo di meccanismi di tolleranza all'ombra: Alcune piante sono in grado di sviluppare meccanismi di tolleranza all'ombra, come una maggiore capacità di sopportare condizioni di ridotta luce solare. Queste piante possono adattarsi a condizioni di ombreggiamento e mantenere una crescita e una produzione accettabili nonostante le ridotte quantità di luce.

È importante notare che le capacità di adattamento delle colture all'ombreggiamento possono variare a seconda della specie e delle condizioni specifiche dell'ambiente. Alcune di queste possono essere più adattabili di altre e possono essere preferite in sistemi agrivoltaici in cui l'ombreggiamento è un fattore più significativo (densità maggiore dei pannelli).

Massimizzare l'efficienza della produzione agricola nell'agrivoltaico

Per massimizzare l'efficienza della produzione agricola nell'agrivoltaico, è possibile adottare diverse strategie. Di seguito sono elencate alcune considerazioni chiave:

Scelta delle colture: Banale ma sempre sottovalutato, scegliere colture adatte all'ambiente agrivoltaico, considerando l'esposizione, l'ombreggiamento e le esigenze idriche. Optare per colture a ciclo breve o colture perenni adattate all'ombreggiamento parziale può permettere una maggiore resa.

Rotazione delle colture: Implementare una rotazione delle colture, altra già citata tecnica, vecchia e dimenticata, aiuta a preservare la fertilità del suolo, ridurre il rischio di malattie e infestanti, e massimizzare l'efficienza delle risorse. Alterare le colture in modo sequenziale su diverse sezioni dell'area agrivoltaica favorisce un utilizzo equilibrato di tutte le risorse.

Colture complementari: Integrare colture che si completano a vicenda e promuovono sinergie ecologiche. Ad esempio, alcune piante aromatiche possono respingere insetti dannosi per altre colture o attirare impollinatori benefici. La scelta di colture che interagiscono positivamente può favorire un sistema agrivoltaico più resiliente ed efficiente. Esistono tabelle molto chiare, collaudate e valide ovunque.

Gestione dell'irrigazione: Monitorare attentamente le esigenze idriche delle colture e adottare un sistema di irrigazione adeguato per garantire un apporto idrico ottimale. L'utilizzo di tecnologie come i sensori di umidità del suolo e i sistemi di irrigazione a goccia può consentire una gestione più precisa e mirata dell'acqua. Esistono sistemi semplicissimi e made in Italy come "Arduino" che permettono con pochi euro di avere la situazione sempre sotto controllo. "Arduino Grow Station" è un altro termine da cercare su Google.

Controllo delle infestanti: Mantenere un controllo efficace sulle infestanti per evitare la competizione con le colture agricole. L'utilizzo di metodi meccanici, come **l'aratura** o il **sovescio**, insieme a tecniche di copertura del suolo come la **pacciamatura**, hanno sempre aiutato a ridurre la crescita delle infestanti.

Monitoraggio e gestione integrata delle malattie e dei parassiti: Prestare attenzione al monitoraggio tempestivo delle malattie delle piante e dei parassiti, adottando strategie di gestione integrate che includono metodi culturali e biologici (se necessario anche chimici ma mirati). Una gestione preventiva e attenta può minimizzare le perdite di produzione e l'uso di pesticidi.

Monitoraggio delle prestazioni del sistema agrivoltaico: Valutare costantemente l'efficienza del sistema agrivoltaico, raccogliendo i propri dati sul rendimento delle colture, la produzione di energia solare e l'utilizzo delle risorse. Queste informazioni forniscono indicazioni preziosissime per apportare miglioramenti e ottimizzare le prestazioni complessive del sistema.

CAPITOLO 6 - Gestione dell'irrigazione e delle risorse idriche

Sistemi di irrigazione efficienti e sostenibili

I sistemi di irrigazione sono di fondamentale importanza per garantire un utilizzo responsabile delle risorse idriche e massimizzare la produzione agricola. Questi sistemi sono progettati per ottimizzare l'efficienza nell'uso dell'acqua, ridurre gli sprechi e minimizzare gli impatti negativi sull'ambiente. Vediamo alcuni dei principali sistemi di irrigazione utilizzati per raggiungere questi obiettivi.

Uno dei sistemi più diffusi è l'**irrigazione a goccia**, che consiste nel fornire l'acqua direttamente alle radici delle piante attraverso piccoli gocciolatori o tubi porosi. Questo sistema riduce le perdite di acqua dovute all'evaporazione e all'erosione del suolo, consentendo un utilizzo più mirato e efficiente delle risorse idriche disponibili. Un altro sistema efficace è l'irrigazione a **microaspersione**, che utilizza piccoli getti d'acqua per irrigare le piante. Questo sistema permette una distribuzione uniforme dell'acqua sul terreno, riducendo le perdite e consentendo un controllo preciso sulla quantità di acqua fornita alle piante. Un'altra opzione è l'irrigazione per **sub-irrigazione**, che prevede di sommergere parzialmente o completamente il terreno per consentire alle radici delle piante di assorbire l'acqua necessaria. Questo sistema è particolarmente adatto per terreni con una buona capacità di ritenzione idrica.

L'irrigazione **a spruzzo** è un'altra tecnica comune, che prevede l'utilizzo di spruzzatori per distribuire l'acqua sopra le colture in modo uniforme. È importante utilizzare spruzzatori di alta qualità per ridurre le perdite dovute all'evaporazione e all'effetto di deriva.

Inoltre, la tecnologia moderna ha introdotto sistemi di irrigazione di precisione, che combinano l'uso di sensori di umidità del suolo e controlli automatici per fornire l'acqua esattamente quando e dove è necessaria. Questo permette di evitare l'irrigazione eccessiva o insufficiente, riducendo gli sprechi e ottimizzando l'efficienza idrica complessiva.

Un'altra considerazione importante riguarda l'utilizzo di energia solare per alimentare i sistemi di irrigazione. Questo approccio sfrutta l'energia rinnovabile del sole per far funzionare le pompe e i sistemi di irrigazione, riducendo l'impatto ambientale associato all'utilizzo di combustibili fossili.

Per massimizzare l'efficienza e la sostenibilità dei sistemi di irrigazione, è essenziale adottare anche pratiche di gestione del suolo, come la copertura del terreno con materiale organico (la già citata pacciamatura). Inoltre, monitorare attentamente le esigenze idriche delle colture e adattare il regime di irrigazione in base alle condizioni climatiche può contribuire a ridurre gli sprechi e migliorare la gestione delle risorse idriche.

L'adozione di sistemi di irrigazione efficienti e sostenibili contribuisce sicuramente a ridurre il consumo di acqua, preservare la qualità del suolo, limitare l'erosione e l'inquinamento delle acque sotterranee, e promuovere una gestione responsabile delle risorse idriche nel settore agricolo. Questi sistemi rappresentano un passo importante verso un'agricoltura molto più sostenibile ed efficiente.

Raccolta e utilizzo delle acque piovane

La raccolta e l'utilizzo della pioggia rivestono un ruolo fondamentale in una gestione oculata e sostenibile delle risorse idriche. Ecco alcuni dei principali spunti di riflessione:

Conservazione delle risorse idriche: L'acqua è la risorsa più preziosa ed é allo stesso tempo limitata. Raccogliere e utilizzare le acque piovane ci consente di ridurre la nostra dipendenza dalle fonti di acqua dolce tradizionali come i fiumi, i laghi e le falde acquifere. Ciò contribuisce a preservare le risorse idriche disponibili per gli usi essenziali e ridurre la pressione sull'approvvigionamento idrico. Avremo non pochi problemi in futuro se non iniziamo a gestire bene anche l'acqua piovana.

Riduzione dello stress idrico: In molte regioni del mondo, la scarsità di acqua è ormai un problema quitidiano. La raccolta e l'utilizzo delle acque piovane possono fornire una fonte supplementare di acqua per scopi non potabili come l'irrigazione delle colture, il lavaggio degli animali, la pulizia delle superfici e il raffreddamento. Ciò contribuisce a ridurre lo stress idrico e a garantire la sostenibilità degli usi idrici.

Riduzione dell'inquinamento delle acque: La raccolta delle acque piovane può contribuire a ridurre il carico di inquinanti che finiscono nelle acque superficiali e sotterranee. Le acque piovane possono trasportare sostanze inquinanti come fertilizzanti, pesticidi, oli e sedimenti dal terreno e dalle superfici urbane. Raccogliendo e trattando queste acque, è possibile prevenire o ridurre l'inquinamento delle risorse idriche.

Riduzione delle inondazioni: La raccolta delle acque piovane può contribuire a ridurre il rischio di inondazioni localizzate. Raccogliendo l'acqua piovana attraverso sistemi di drenaggio e serbatoi, si può limitare il flusso diretto verso corsi d'acqua e canali di scolo, prevenendo il sovraccarico dei sistemi di drenaggio e riducendo il rischio di inondazioni. Poca cosa, ma tutto fa brodo, anche che la goccia che fa traboccare il vaso...

Risparmio economico: Utilizzare le acque piovane riduce senza ombra di dubbio i costi associati all'approvvigionamento idrico tradizionale. L'installazione di sistemi di raccolta delle acque piovane può richiedere un investimento iniziale, ma nel lungo termine può portare a notevoli risparmi sui costi dell'acqua.

Promozione della sostenibilità: La raccolta e l'utilizzo delle acque piovane sono prassi sostenibili che promuovono una gestione responsabile delle risorse idriche e la conservazione dell'ambiente. Ripetiamolo pure, queste sono le pratiche che contribuiscono a preservare e proteggere le risorse idriche.

In conclusione, la raccolta e l'utilizzo delle acque piovane sono importanti per garantire la conservazione delle risorse idriche, ridurre lo stress idrico, prevenire l'inquinamento delle acque, gestire le inondazioni e promuovere la sostenibilità. Queste pratiche rappresentano un modo efficace per utilizzare in modo responsabile e efficiente una risorsa naturale preziosa come l'acqua piovana.

Gestione integrata dell'acqua per l'agricoltura e l'energia

La gestione integrata dell'acqua per l'agricoltura e l'energia è un approccio che mira a coordinare e ottimizzare l'uso delle risorse idriche per soddisfare contemporaneamente le esigenze dell'agricoltura e della produzione di energia. Questo approccio riconosce l'interconnessione tra l'uso dell'acqua per scopi agricoli ed energetici e cerca di affrontare le sfide e le opportunità che emergono da questa interazione.

Nel contesto dell'agricoltura, l'acqua è essenziale per l'irrigazione delle colture e la produzione alimentare. Tuttavia, la domanda di acqua per scopi agricoli può essere significativa e mettere a dura prova le risorse idriche disponibili. D'altra parte, la produzione di energia richiede anch'essa una quantità considerevole di acqua, ad esempio per il raffreddamento delle centrali termoelettriche o per la produzione di biocarburanti. Non é esattamente l'argomento di questo libro ma due parole dobbiamo spenderle.

La gestione integrata dell'acqua per l'agricoltura e l'energia cerca di affrontare le sfide associate a queste due attività, cercando di massimizzare l'efficienza nell'uso dell'acqua e minimizzare gli impatti negativi sull'ambiente. Questo approccio si basa su una serie di strategie e pratiche, tra cui:

Pianificazione e coordinamento: Si tratta di pianificare in modo integrato l'uso dell'acqua sia per l'agricoltura che per l'energia, considerando le necessità, le disponibilità idriche e le priorità locali. La cooperazione tra i due settori e la collaborazione tra le parti interessate sono fondamentali per la gestione efficace delle risorse idriche.

Utilizzo efficiente dell'acqua: L'adozione di pratiche che migliorano l'efficienza nell'uso dell'acqua è un aspetto chiave della gestione integrata. Ciò include l'uso di sistemi di irrigazione efficienti, la programmazione ottimizzata dell'irrigazione (esigenze delle colture), il **monitoraggio** dell'umidità del suolo e l'implementazione di tecniche di **irrigazione di precisione.**

Uso di fonti di energia sostenibili: Promuovere l'uso di fonti di energia rinnovabile riduce l'impatto ambientale associato alla produzione di energia. L'adozione di tecnologie solari, eoliche o idroelettriche contribuisce a ridurre la dipendenza da fonti che richiedono un elevato consumo di acqua.

Gestione delle acque reflue: Le acque provenienti dalla produzione agricola possono essere trattate e riutilizzate per scopi irrigui o per la produzione di energia idroelettrica. Il riciclaggio delle acque reflue é una strategia importante per ottimizzare l'uso delle risorse idriche.

Monitoraggio e valutazione: È importante monitorare l'uso dell'acqua e valutare l'efficacia delle strategie di gestione implementate. Il monitoraggio delle risorse idriche, dei consumi e degli impatti ambientali consente di apportare eventuali correzioni o miglioramenti al sistema di gestione.

CAPITOLO 7 - Monitoraggio e controllo dei parametri ambientali

Importanza del monitoraggio dei parametri ambientali

Il monitoraggio dei parametri ambientali è fondamentale per valutare l'impatto delle attività umane sull'ambiente e per poter adottare misure di mitigazione e conservazione efficaci. Attraverso il monitoraggio, è possibile prendere le decisioni corrette per preservare la salute degli ecosistemi e promuovere la sostenibilità ambientale.

Il monitoraggio dei parametri ambientali consiste nella raccolta sistematica e regolare di dati e informazioni riguardanti vari aspetti dell'ambiente, come la qualità dell'aria, la qualità dell'acqua, la biodiversità, l'inquinamento, il clima e altri indicatori ambientali. Questo processo include l'installazione di strumenti di rilevamento e la conduzione di campionamenti, analisi e osservazioni per valutare lo stato dell'ambiente e le eventuali modifiche nel tempo. Il monitoraggio ambientale fornisce quindi la base di quelle informazioni cruciali che consentono di identificare i problemi, valutare l'efficacia delle politiche e delle pratiche di gestione, e prendere le giuste decisioni.

Tecnologie di monitoraggio nell'agrivoltaico

Ecco alcuni esempi di tecnologie:

Sensori di radiazione solare: Questi sensori misurano l'intensità e la direzione della radiazione solare incidente sull'area agricola. Queste informazioni consentono di valutare l'efficienza dei pannelli solari nell'assorbire l'energia solare e di identificare eventuali aree di ombreggiamento che possono influire sulla produzione energetica.

Sensori di umidità del suolo: Questi sensori misurano il contenuto di umidità del suolo in diverse profondità. Ciò consente di monitorare le condizioni idriche del terreno e di ottimizzare le pratiche di irrigazione, **evitando sprechi e carenze.**

Sensori meteorologici: Questi sensori misurano diversi parametri meteorologici come temperatura dell'aria, umidità relativa, velocità e direzione del vento. Queste informazioni sono importanti per comprendere l'ambiente di crescita delle colture e l'effetto del clima anche sull'efficienza dei pannelli solari stessi. **A temperature troppo alte o troppo basse la loro resa cambia!**

Sistemi di monitoraggio delle colture: Questi sistemi utilizzano sensori e tecnologie avanzate per monitorare la crescita delle colture, la qualità del suolo e altri parametri agronomici. Ad esempio, possono misurare l'altezza delle piante, la copertura vegetale, la clorofilla delle foglie e altre caratteristiche per valutare la salute delle colture e l'efficienza fotosintetica.

Monitoraggio dell'energia: Questi sistemi misurano la produzione di energia dai pannelli solari e monitorano l'efficienza dei sistemi di conversione e trasformazione dell'energia. Ciò consente di valutare la performance degli impianti e identificare eventuali problemi o guasti.

L'uso combinato di queste tecnologie di monitoraggio consente di ottenere una visione completa delle interazioni tra l'energia solare, le colture agricole e l'ambiente circostante. Ciò consente agli agricoltori e agli operatori di sistemi agrivoltaici di personalizzare e quindi migliorare la gestione delle colture, l'irrigazione, la gestione energetica e l'ottimizzazione globale del sistema.

Come già accennato, l'agrivoltaico non è e non può essere ancora una scienza esatta data la complessità e il numero dei fattori in gioco. È proprio l'esperienza personale e locale che faranno la differenza a lungo termine. Pur avendo quindi solide basi sia sul fotovoltaico che sull'agricoltura resta il fatto che ogni località su questo pianeta sarà differente.

CAPITOLO 8 - Benefici economici dell'agrivoltaico

Riduzione dei costi energetici per l'agricoltura

La riduzione dei costi energetici nell'ambito dell'agricoltura è un obiettivo fondamentale per migliorare l'efficienza e la sostenibilità di tutte le operazioni agricole. Ci sono diverse strategie che possono essere adottate per raggiungere questo obiettivo.

In primo luogo, l'ovvio utilizzo di energie rinnovabili. L'installazione di pannelli solari e l'utilizzo di aerogeneratori consentono di ottenere una fonte di energia pulita e a basso costo per alimentare tutte le operazioni agricole. Inoltre, l'adozione di misure per migliorare l'efficienza energetica riveste un ruolo cruciale nella riduzione dei costi. Questo può includere l'impiego di tecnologie avanzate, come motori elettrici ad alta efficienza, l'**illuminazione a LED** a basso consumo energetico e l'isolamento termico nelle strutture agricole. Queste sono le pratiche che contribuiscono a ottimizzare maggiormente l'uso dell'energia e a ridurre gli sprechi. Un altro aspetto importante riguarda l'ottimizzazione dei sistemi di irrigazione. L'irrigazione rappresenta una delle attività agricole che richiede una considerevole quantità di energia. L'utilizzo di sistemi di irrigazione efficienti, come l'irrigazione a goccia o l'irrigazione di precisione, consente di ridurre il consumo energetico associato oltre che migliorare l'efficienza nell'uso dell'acqua.

L'uso di tecnologie avanzate, come **sensori intelligenti e sistemi di automazione**, offre ulteriori opportunità per ottimizzare l'uso dell'energia in agricoltura. Queste tecnologie permettono di monitorare e regolare in modo preciso l'irrigazione, l'illuminazione e altre attività, riducendo gli sprechi.

Infine, la **cooperazione tra le aziende agricole** può contribuire alla riduzione dei costi energetici. La creazione di reti di cooperazione consente lo scambio di energia tra le aziende, consentendo di condividere le risorse energetiche e ridurre i costi complessivi. Collaborare e condividere é sempre meglio. Vi consiglio anche di informarvi sulle "**comunità energetiche**".

La riduzione dei costi energetici come al solito non porta solo a un risparmio economico per gli agricoltori, ma rappresenta anche un importante contributo alla sostenibilità ambientale.

Opportunità di reddito supplementare attraverso la produzione di energia

La produzione di energia rappresenta un'opportunità significativa per generare un reddito supplementare per gli agricoltori e allevatori. Ci sono diverse modalità attraverso le quali è possibile sfruttare questa opportunità:

Vendita di energia: Gli agricoltori possono installare impianti di produzione di energia rinnovabile, come pannelli solari o aerogeneratori, e vendere l'energia prodotta alla rete elettrica. Questa è una pratica ormai diffusa in tutta Europa e permette loro di guadagnare grazie all'energia generata, in base ai contratti di acquisto e agli incentivi governativi.

Autoconsumo energetico: Gli agricoltori possono utilizzare l'energia prodotta per soddisfare il proprio fabbisogno energetico all'interno delle loro attività agricole. Ciò consente di ridurre la corrente comprata e di ottenere risparmi significativi non solo nel lungo termine.

Diversificazione delle attività: L'installazione di impianti di produzione di energia rinnovabile rappresenta anche una forma di diversificazione delle attività agricole. Sia agricoltori che allevatori possono combinare la produzione di energia con l'attività agricola tradizionale, creando nuove opportunità di reddito e riducendo la dipendenza da un'unica fonte di guadagno.

Incentivi e sovvenzioni: In molti paesi, esistono programmi e incentivi governativi volti a promuovere la produzione di energia da fonti rinnovabili. Chiunque può beneficiare di tali programmi, che offrono sovvenzioni, tariffe convenienti, agevolazioni fiscali e persino finanziamenti a fondo perduto per l'installazione e l'esercizio di impianti di produzione di energia.

L'integrazione della produzione di energia nelle attività agricole offre quindi in ogni modo nuove opportunità economiche.

Valutazione economica dell'agrivoltaico

L'agrivoltaico, combinando l'agricoltura e la produzione di energia solare, offre una serie di opportunità economiche interessanti. La valutazione economica di tale sistema è fondamentale per capire se è un'opzione vantaggiosa dal punto di vista finanziario. Per prima cosa, è necessario considerare i **costi di investimento iniziali**. La realizzazione di un impianto agrivoltaico richiede ovviamente l'acquisto e l'installazione delle strutture, l'implementazione di un sistema di irrigazione adeguato e altri requisiti infrastrutturali. I costi variano in base alla dimensione del sistema, alla tecnologia utilizzata e alle specifiche del terreno. Tenete presente che a volte é meglio iniziare con poco senza investire grandi cifre. Questo permette di fare pratica e di cominciare a scoprire le caratteristiche tipiche della zona e la loro influenza sull'impianto completo che potrà poi essere ampliato.

Una volta realizzato l'impianto, grande o piccolo che sia, l'energia solare viene finalmente convertita in elettricità che potrà essere utilizzata all'interno dell'azienda agricola per soddisfare il proprio fabbisogno. In alternativa, sarà possibile venderla alla rete elettrica nazionale, ottenendo un reddito attraverso i pagamenti del gestore.

Un altro aspetto da considerare è la possibile **diversificazione e ampliamento delle attività agricole**. L'agrivoltaico permette agli agricoltori di combinare la produzione di energia con nuove attività agricole tradizionali, creando nuove fonti di reddito. Ad esempio, possono coltivare piante adatte all'ombreggiamento dei pannelli solari, che non era possibile coltivare in precedenza. Dato il fatto che comunque i pannelli cambiano il microclima, è chiaro che questo offre altre possibilità da esplorare.

Tuttavia, la valutazione economica dell'agrivoltaico deve tenere conto anche di eventuali rischi e incertezze. Le fluttuazioni dei prezzi dell'energia, le variazioni nelle condizioni climatiche e i cambiamenti normativi possono influire sulla redditività del progetto. È importante effettuare un'analisi, considerando tutti i costi e i benefici a lungo termine, al fine di valutare se l'agrivoltaico rappresenta un'opportunità economica vantaggiosa.

Incentivi

L'agrivoltaico è una tecnologia che richiede appunto strutture abbastanza costose, con un costo che può essere fino al 30-40% superiore rispetto a un impianto fotovoltaico tradizionale a terra. Queste spese rappresentano un onere significativo che spesso gli imprenditori agricoli non possono sostenere autonomamente. Per consentire lo sviluppo di questa tecnologia, diventa fondamentale l'uso degli incentivi economici. Finora, la diffusione degli impianti agrivoltaici è stata ostacolata da una mancanza di inclusione normativa nel sistema degli incentivi. Tuttavia, l'ultima legge di semplificazione per l'applicazione del PNRR (Piano Nazionale di Ripresa e Resilienza) ha incluso l'agrivoltaico tra le tecnologie incentivate per la produzione di energia rinnovabile, a condizione che siano presenti determinati requisiti.

Gli incentivi statali, regolamentati dal decreto legislativo del 3 marzo 2011, n. 28, vengono estesi anche agli impianti fotovoltaici agricoli o agrovoltaici, a patto che siano rispettate le seguenti tre condizioni contemporaneamente:

1. Utilizzo di soluzioni innovative.

2. Altezza dei moduli da terra in modo da non compromettere l'attività agricola e pastorale.

3. Presenza di sistemi di monitoraggio che consentano di verificare l'impatto ambientale.

L'articolo 31 della legge 108/2021 modifica l'articolo 65 del decreto-legge 24 gennaio 2012, n. 1, e introduce ulteriori disposizioni per gli impianti agrovoltaici che adottano soluzioni innovative di montaggio dei moduli sopraelevati da terra, inclusa la possibilità di rotazione dei moduli stessi, pur mantenendo la continuità delle attività di coltivazione agricola e pastorale e consentendo l'applicazione di strumenti di agricoltura digitale e di precisione. L'accesso agli incentivi per tali impianti è subordinato alla realizzazione di sistemi di monitoraggio che consentano di verificare l'impatto sulle colture, il risparmio idrico, la produttività agricola per diverse tipologie di colture e la continuità delle attività delle aziende agricole interessate. In caso di violazione delle condizioni, i benefici concessi cessano.

Questa è un'opportunità offerta dalla rivoluzione dell'economia circolare che permetterà a coloro che lavorano con la terra di sfruttare le nuove disposizioni contenute nel decreto sulla Governance del PNRR approvato dal governo. Tale decreto prevede un finanziamento di 1,1 miliardi di euro per lo "Sviluppo agrovoltaico" e una capacità produttiva di 2,43 GW, con l'obiettivo di ridurre le emissioni di gas serra (circa 1,5 milioni di tonnellate di CO_2) e i costi di approvvigionamento energetico.

Al momento della pubblicazione di questo libro Il ministro dell'Ambiente e della Sicurezza Energetica **Gilberto Pichetto Fratin** ha approvato la proposta di decreto per promuovere la realizzazione di impianti agrivoltaici innovativi.

Obiettivo dell'intervento, previsto dal PNRR, è installare almeno **1,04 GW** di impianti agrivoltaici entro il **30 giugno 2026**. Il testo è ora stato trasmesso alla Commissione europea, dalla quale si dovrà attendere il via libera per l'effettiva entrata in vigore.

(Rimando al testo del decreto Decreto-Agrivoltaico_03.04.2023_def disponibile in rete).

CAPITOLO 9 - Studi di caso e successi nell'agrivoltaico

progettazione di un impianto agrivoltaico

Ecco alcuni esempi di progetti agrivoltaici di successo che sono stati implementati in diverse parti del mondo:

"SolarCrop" in Giappone: Questo progetto ha implementato pannelli solari sospesi sopra i campi di coltivazione di riso. L'ombreggiamento fornito dai pannelli solari ha contribuito a ridurre lo stress termico sulle piante di riso e a migliorare la resa delle colture. Il progetto ha dimostrato che l'agrivoltaico può favorire la produzione di alimenti e l'energia rinnovabile in un'area limitata di terra.

"Ciel et Terre" in Francia: Questo progetto ha utilizzato pannelli solari galleggianti su bacini idrici per generare energia solare. I pannelli solari galleggianti sono stati posizionati su un lago artificiale e hanno fornito energia elettrica per la rete elettrica locale. L'utilizzo dei bacini idrici per l'installazione dei pannelli solari ha consentito di massimizzare l'efficienza della terra e di preservare le risorse idriche.

"Food and Energy Training and Education" (FEED) negli Stati Uniti: Questo progetto ha creato un modello di agrivoltaico che combina la produzione di alimenti e l'energia rinnovabile. I pannelli solari sono stati installati su strutture sopraelevate per creare ombra e fornire un ambiente favorevole alla coltivazione di verdure ad alto valore nutritivo. Il progetto ha dimostrato che l'agrivoltaico può contribuire a una produzione alimentare sostenibile e alla generazione di energia pulita.

"AgriPV" in Olanda: Questo progetto ha combinato l'agricoltura e l'energia solare installando pannelli solari su serre agricole. I pannelli solari hanno fornito energia per l'illuminazione e l'irrigazione delle serre, riducendo così i costi energetici e l'impatto ambientale. Il progetto ha dimostrato che l'agrivoltaico può migliorare l'efficienza energetica nell'agricoltura e consentire una maggiore produzione di colture.

In Italia, ecco alcuni esempi:

"Tarquinia": Enel Green Power ha avviato la costruzione del più grande parco solare agrivoltaico in Italia, situato a Tarquinia, in provincia di Viterbo. L'impianto avrà una capacità di circa 170 MW e sarà in grado di produrre mediamente 280 GWh di energia rinnovabile all'anno. Oltre a contribuire significativamente alla produzione di energia pulita, il parco solare eviterà l'emissione di circa 130.000 tonnellate di CO_2 all'anno e sostituirà il consumo di 26 milioni di metri cubi di gas fossile. Sarà utilizzata la tecnologia dei moduli fotovoltaici bifacciali montati su inseguitori solari per massimizzare l'efficienza energetica. Inoltre, il parco solare sarà integrato con attività agricole, coltivando foraggio, borragine e ulivi nelle aree libere tra i pannelli e nelle fasce di rispetto degli elettrodotti aerei. Il progetto rappresenta un importante passo avanti verso la produzione sostenibile di energia e la valorizzazione del territorio.

"Svolta": In Puglia, in Italia, è nato il primo impianto agrivoltaico nel paese e uno dei primi in Europa. A raccontarlo è Nicola Mele, imprenditore che si concentra sull'agricoltura biologica, sulla ricerca e su un nuovo impianto da 8 MW. Il legame tra agrivoltaico e sostenibilità può essere spiegato in molti modi, ma per renderlo concreto non c'è niente di meglio di un esempio pratico fornito dalla storia di un'azienda agricola nata in Puglia, che per prima in Italia (e tra le prime in Europa e forse nel mondo) ha avuto la lungimiranza di creare nel 2011 un impianto agrivoltaico. Oggi l'imprenditore che ha creato le condizioni per la nascita di quell'impianto, che aveva una capacità di quasi 1 MW, ha un progetto ancora più ambizioso: realizzarne uno da 8 MW, conciliando la produzione di energia da fonti rinnovabili con l'agricoltura. Nel caso specifico, l'intenzione è avviare una produzione vitivinicola secondo criteri biologici, convinto che legare il fotovoltaico all'agricoltura sia vantaggioso.

Ma non è tutto: alla base del progetto c'è la convinzione che conciliare i due mondi sia benefico per l'agricoltura. Questa convinzione è supportata dalle evidenze scientifiche provenienti da studi condotti da Maurizio Boselli, già professore di viticoltura all'Università di Verona, e da Giuseppe Ferrara, docente di arboricoltura e frutticoltura all'Università di Bari. Entrambi hanno in comune la storia che li lega a Nicola Mele, l'imprenditore che ha contribuito alla nascita dell'azienda pugliese Svolta, dove è stato realizzato l'impianto agrifotovoltaico, e alla successiva creazione de I Prodotti della Svolta. Questa azienda è tra i soci fondatori di AIAS, l'associazione italiana per l'agrivoltaico sostenibile.

La storia di Svolta inizia nel Veneto nel 2008, quando l'Università di Verona decide di condurre una ricerca per comprendere le potenzialità di conciliare la produzione fotovoltaica con l'agricoltura. Viene creata una struttura a pergola per sostenere i pannelli fotovoltaici, utilizzando materiali agricoli e vitivinicoli e adottando tecniche impiegate nella realizzazione delle pergole trentine e veronesi, evitando l'uso di fondamenta per l'agricoltura. L'obiettivo è capire quali vantaggi si possono ottenere coltivando ortaggi e viti ombreggiati dai pannelli fotovoltaici.

Nello stesso anno, grazie alla collaborazione tra il team di ricercatori di Arboricoltura dell'Università di Bari, coordinato dal professor Giuseppe Ferrara, e Maurizio Boselli, già professore di Viticoltura all'Università di Verona, vengono avviate ricerche sulla fattibilità di un sistema agrivoltaico in Puglia, utilizzando vigneti da vino e sfruttando le caratteristiche climatiche peculiari della regione.

L'obiettivo di queste ricerche era studiare ed evidenziare le opportunità di introdurre un sistema fotovoltaico per migliorare le condizioni delle uve. A causa dei cambiamenti climatici e dell'aumento delle temperature, le uve da vino maturano precocemente senza avere il tempo di sviluppare gli aromi.

A questo punto entra in gioco Nicola Mele, un imprenditore informatico con esperienza presso il centro ricerche Olivetti e un percorso di successo nel campo dell'informatica. La famiglia Roggero, che è coinvolta nell'azienda agricola Svolta, lo chiama per avviare un'impresa all'avanguardia nel settore agricolo ed energetico in Puglia. Viene costituita l'azienda "Svolta" (acronimo di Solare VOLTaico Ambiente-Agricoltura), in cui vengono realizzate le prime installazioni agrivoltaiche e avviate ricerche sui vigneti ombreggiati dai pannelli fotovoltaici nel 2009, in collaborazione con il professor

Boselli presso l'Università di Verona.

Nell'azienda situata a Laterza, in un territorio vicino a Gioia del Colle, Santeramo e Matera, vengono condotte varie ricerche sperimentali sulla coltivazione vitivinicola. Su una superficie totale di 7 ettari, viene installato un impianto agrivoltaico di 972 kW su 4 ettari, con i pannelli posti a oltre due metri di altezza. Si coltiva sia all'interno che all'esterno dell'area agrivoltaica, confrontando i risultati. A partire dal 2019, in collaborazione con l'Istituto Basile Caramia di Locorotondo, che ha condotto analisi e vinificazioni delle uve agrivoltaiche, è stato possibile constatare l'efficacia del progetto: i vini prodotti presentano caratteristiche aromatiche ricche e intense.

"Mazara del Vallo" in Sicilia: Engie ha inaugurato il più grande parco agrivoltaico d'Italia a Mazara del Vallo, in Sicilia. L'impianto si estende su 115 ettari e ha una capacità di 66 MW, e fa parte di un modello contrattuale Corporate PPA (Power Purchase Agreement) tra Engie e Amazon. Questo è il primo parco agrivoltaico realizzato in Italia e il primo basato su questo tipo di accordo tra aziende private. La costruzione dell'impianto è stata resa possibile grazie a un green loan da 100 milioni di euro finanziato da Cdp, Societé Générale e BNP Paribas. Oltre a produrre energia pulita, l'obiettivo del parco agrivoltaico è coltivare campi con piante come viti, ulivi, mandorli, e piante aromatiche e officinali.

Inoltre, è prevista la realizzazione di un secondo sito agrivoltaico da 38 MW a Paternò, in provincia di Catania, nell'ambito dell'accordo tra Engie e Amazon. In totale, i due impianti avranno una capacità installata di 104 MW e l'energia prodotta sarà utilizzata per alimentare le attività di Amazon in Italia.

Il parco agrivoltaico di Mazara del Vallo utilizza tecnologia di ultima generazione, con pannelli solari bifacciali montati su inseguitori monoassiali che catturano sia la luce diretta che quella riflessa dai terreni circostanti, ottimizzando la produzione di energia. Questa configurazione permette di ridurre l'area necessaria per l'impianto fotovoltaico e massimizzare l'efficacia agricola.

Nel corso della costruzione dell'impianto di Mazara del Vallo, sono state impiegate 150 persone.

Impatto positivo dell'agrivoltaico sulle comunità agricole

Creazione di posti di lavoro locali: Lo sviluppo e l'implementazione di progetti agrivoltaici possono generare nuovi posti di lavoro a livello locale. Durante la fase di installazione dei pannelli solari e la costruzione delle strutture di supporto, sono necessarie competenze specializzate come installatori, elettricisti e tecnici solari. Questi lavori possono essere svolti da membri della comunità stessa, offrendo opportunità di impiego locale e contribuendo alla crescita economica della regione.

Inoltre, una volta che il sistema agrivoltaico è operativo, sono richieste attività di manutenzione e gestione continue. Ciò include la pulizia dei pannelli solari, la manutenzione dei sistemi di irrigazione e il monitoraggio dell'efficienza energetica. Questi compiti possono essere eseguiti da lavoratori locali, creando occupazione stabile a lungo termine nelle comunità agricole.

Valorizzazione del territorio: L'implementazione di

progetti agrivoltaici può contribuire alla valorizzazione del territorio agricolo e rurale. L'integrazione delle tecnologie solari con le attività agricole tradizionali crea un'immagine moderna e sostenibile dell'agricoltura, promuovendo l'attrattività del territorio per investimenti e turismo.

L'aspetto visivo di un sistema agrivoltaico, con i pannelli solari integrati nelle colture o sopra i campi, può conferire un carattere distintivo al paesaggio agricolo. Questo può suscitare interesse da parte dei visitatori e dei turisti che desiderano conoscere e sperimentare modelli agricoli innovativi e sostenibili.

Inoltre, l'adozione dell'agrivoltaico può promuovere una migliore gestione del territorio agricolo. L'utilizzo efficiente dello spazio agricolo, grazie all'integrazione delle attività agricole e della produzione di energia solare, può contribuire alla conservazione delle risorse e alla protezione dell'ambiente. Questo approccio sostenibile all'agricoltura può favorire la creazione di reti di agriturismo, promuovendo la vendita diretta dei prodotti agricoli e la valorizzazione delle tradizioni locali.

Complessivamente, la creazione di posti di lavoro locali e la valorizzazione del territorio sono due benefici significativi dell'agrivoltaico sulle comunità agricole. Questi fattori non solo contribuiscono all'economia locale, ma rafforzano anche l'identità rurale, promuovendo lo sviluppo sostenibile e l'attrattività delle aree rurali.

Lezioni apprese e best practice nell'implementazione dell'agrivoltaico

Durante l'implementazione dell'agrivoltaico, sono state

acquisite importanti lezioni che possono guidare il processo in modo efficace e sostenibile.

Riassumendole:

Una delle lezioni più significative è la **scelta delle colture adatte**. È essenziale selezionare colture che possano prosperare sotto l'ombra dei pannelli solari, come piante a bassa altezza o varietà che richiedono meno luce solare diretta. La progettazione accurata e l'ingegneria adeguata sono anche cruciali per garantire l'affidabilità e la sicurezza dell'impianto agrivoltaico nel lungo termine, prendendo in considerazione le condizioni del suolo, le norme locali e i materiali durevoli.

È importante pianificare **l'irrigazione** in base alle esigenze delle colture e ridurre gli sprechi idrici mediante l'uso di sistemi a goccia o a basso consumo. La raccolta e l'utilizzo delle acque piovane possono anche contribuire alla sostenibilità idrica dell'agricoltura.

Il **monitoraggio e la manutenzione** regolari dell'impianto agrivoltaico sono essenziali per garantire il massimo rendimento energetico e agricolo. Ciò include il monitoraggio dell'efficienza dei pannelli solari, la valutazione dell'irrigazione e il controllo delle condizioni delle colture. La **pulizia regolare** dei pannelli solari è particolarmente importante per garantire che non vi sia una riduzione significativa dell'efficienza a causa dell'accumulo di sporco o polvere.

Infine, il **coinvolgimento delle parti interessate** è fondamentale per il successo dell'agrivoltaico. Gli agricoltori, gli esperti di energia solare, le autorità locali e le comunità circostanti devono essere coinvolti sin dalle prime fasi del progetto. La collaborazione e la condivisione di conoscenze favoriscono una migliore comprensione e adozione dell'agrivoltaico. Inoltre, è importante **personalizzare le soluzioni** in base alle esigenze specifiche delle comunità agricole, promuovendo l'integrazione dell'agrivoltaico nella loro pratica agricola.

CAPITOLO 10 - Sfide e futuro dell'agrivoltaico

Sfide tecniche e regolamentari da affrontare

L'implementazione dell'agrivoltaico presenta diverse sfide tecniche e regolamentari che devono essere affrontate per garantirne il successo.

Integrazione delle infrastrutture: L'installazione di impianti solari all'interno delle aree agricole richiede un'adeguata integrazione delle infrastrutture. È necessario considerare l'interconnessione con la rete elettrica esistente per garantire un flusso energetico stabile e sicuro. Inoltre, la progettazione e l'installazione delle strutture di supporto per i pannelli solari devono essere ben pianificate per minimizzare l'impatto sulle attività agricole.

Gestione delle risorse idriche: L'uso efficiente dell'acqua è una sfida sempre più importante nell'agrivoltaico e non solo. È necessario bilanciare le esigenze di irrigazione delle colture agricole con il consumo di acqua richiesto dai pannelli solari. La gestione delle risorse idriche deve essere ottimizzata per evitare sprechi e garantire una distribuzione equa dell'acqua tra le colture.

Ottimizzazione dell'efficienza energetica: L'efficienza energetica è un fattore chiave per il successo di ogni progetto. È necessario massimizzare la produzione di energia solare mediante la scelta di tecnologie fotovoltaiche efficienti e l'ottimizzazione dell'orientamento e dell'inclinazione dei pannelli solari. Allo stesso tempo, è importante ridurre le perdite di energia durante la trasmissione e la conversione.

Regolamentazione e normative: L'implementazione dell'agrivoltaico richiede l'aderenza a una serie di regolamenti e normative, a volte poco chiari o assenti. Questi possono riguardare l'installazione e la connessione alla rete elettrica, le questioni di sicurezza e le norme ambientali. Sarebbe importante che gli aspetti regolatori fossero chiari e ben definiti per facilitare l'adozione dell'agrivoltaico e garantire la conformità alle leggi vigenti. Purtroppo non dipende da noi...

Consapevolezza e accettazione: L'agrivoltaico è una pratica relativamente nuova che richiede una maggiore consapevolezza e accettazione da parte degli interessati. È necessario informare gli agricoltori, le comunità locali e le autorità sulle potenzialità e i vantaggi dell'agrivoltaico. Questo può comportare sforzi di sensibilizzazione, formazione e coinvolgimento attivo delle parti interessate per superare eventuali resistenze e incoraggiare l'adozione di questa pratica sostenibile.

Affrontare queste sfide richiede una collaborazione efficace tra agricoltori, esperti di energia solare, autorità e comunità locali. È necessario un approccio integrato che consideri sia gli aspetti tecnici che quelli regolamentari per garantire una transizione di successo verso l'agrivoltaico come pratica sostenibile nell'agricoltura del futuro prossimo.

Innovazioni e sviluppi futuri nell'agrivoltaico

L'agrivoltaico è come già detto un campo in costante evoluzione, che offre molte opportunità di innovazione e sviluppo futuri. Ci sono diversi ambiti in cui si prevede di vedere progressi significativi:

Una delle principali aree di innovazione riguarda le tecnologie fotovoltaiche. Gli sviluppatori stanno lavorando per migliorare l'efficienza e la durata dei pannelli solari, cercando di rendere l'energia solare ancora più accessibile ed efficiente. L'introduzione di nuovi materiali e di nuovi design potrebbe consentire di aumentare la produzione di energia solare e di ridurre i costi di installazione.

Inoltre, si stanno sviluppando sistemi di gestione intelligente dell'energia, che permettono di ottimizzare l'utilizzo dell'energia prodotta dai pannelli solari. Questi sistemi consentono di monitorare e regolare in tempo reale la produzione e il consumo energetico, permettendo una gestione più efficiente della rete elettrica.

Allo stesso tempo, si stanno esplorando nuove tecnologie agricole che possono essere integrate nell'ambiente agrivoltaico. L'uso di sensori e sistemi di monitoraggio delle colture può fornire informazioni dettagliate sulle esigenze delle piante, consentendo una gestione più precisa dell'irrigazione e dei nutrienti.

Anche l'impiego di tecniche di agricoltura di precisione, come l'uso di **droni per la mappatura delle colture**, può aiutare gli agricoltori a ottimizzare la produzione e a ridurre l'impatto ambientale.

I modelli di business legati all'agrivoltaico stanno anche evolvendo, con nuove opportunità di reddito supplementare per gli agricoltori attraverso la vendita di energia e collaborazioni tra aziende agricole e fornitori di energia solare.

Infine, la ricerca e lo sviluppo continuano a essere fondamentali per l'agrivoltaico. Gli studi sulla performance energetica e agricola a lungo termine, sull'effetto dell'ombreggiamento sulle colture e sull'analisi dei flussi energetici contribuiscono a guidare l'innovazione e a migliorare la comprensione degli impatti e dei benefici dell'agrivoltaico.

Potenziale impatto globale dell'agrivoltaico sulla sostenibilità

L'agrivoltaico ha il potenziale di avere un impatto significativo sulla sostenibilità a livello globale. Questo approccio integrato, che combina la produzione di energia solare con l'attività agricola, offre diversi vantaggi in termini di produzione energetica pulita, riduzione delle emissioni di carbonio, aumento della resilienza delle comunità agricole, conservazione delle risorse naturali e promozione della sicurezza alimentare.

L'utilizzo condiviso del suolo per la coltivazione di alimenti e la generazione di energia rinnovabile riduce la pressione sulla terra e preserva le risorse naturali, contribuendo alla conservazione degli ecosistemi locali. Inoltre, l'agrivoltaico offre opportunità di reddito supplementare per gli agricoltori e favorisce la produzione locale di alimenti, riducendo la dipendenza dalle importazioni e promuovendo la sostenibilità a lungo termine. Implementare ampiamente l'agrivoltaico può quindi contribuire in modo significativo alla sostenibilità ambientale, energetica e alimentare a livello globale.

CAPITOLO 11 – Conclusioni

Chiamata all'azione per l'adozione dell'agrivoltaico

L'agrivoltaico rappresenta una soluzione molto promettente per affrontare le sfide globali legate all'energia e all'agricoltura. Per massimizzare i benefici di questa pratica, è fondamentale promuovere e incoraggiare l'adozione diffusa dell'agrivoltaico. Ecco alcune azioni che possono essere intraprese:

Sensibilizzazione e informazione: Educare il pubblico, gli agricoltori, gli enti governativi e le organizzazioni sulla natura e i benefici dell'agrivoltaico. Comunicare i vantaggi ambientali, energetici ed economici può incoraggiare una maggiore comprensione e interesse verso questa pratica.

Sostegno finanziario e incentivi: Gli agricoltori e gli investitori possono essere incoraggiati ad adottare l'agrivoltaico attraverso programmi di finanziamento agevolato, sovvenzioni o incentivi fiscali. Questi strumenti possono ridurre i costi iniziali e rendere l'agrivoltaico più accessibile ed economicamente vantaggioso.

Collaborazione tra settori: È importante promuovere la collaborazione tra il settore agricolo e quello dell'energia. Gli agricoltori, i produttori di energia solare, i fornitori di servizi energetici e gli enti governativi possono lavorare insieme per identificare opportunità di implementazione dell'agrivoltaico, condividere conoscenze e risorse e sviluppare modelli di business sostenibili.

Sviluppo di politiche e normative adeguate: I governi dovrebbero svolgere un ruolo chiave nell'adozione dell'agrivoltaico mediante lo sviluppo di politiche e normative che agevolino l'integrazione delle attività agricole e dell'energia solare. Ciò può includere la semplificazione delle procedure di autorizzazione, l'adattamento delle tariffe energetiche per incentivare la produzione di energia rinnovabile e la promozione di standard di sostenibilità.

Ricerca e sviluppo: Investire in ricerca e sviluppo è fondamentale per migliorare le tecnologie e le pratiche agrivoltaiche. La ricerca può contribuire a ottimizzare la produzione di energia solare, a identificare le colture più adatte e a sviluppare modelli di gestione efficienti. Inoltre, la condivisione delle best practice e degli esiti della ricerca può favorire un apprendimento collettivo e accelerare l'adozione dell'agrivoltaico.

L'adozione dell'agrivoltaico richiede un impegno collettivo da parte di agricoltori, aziende, governi e società civile. È necessario agire ora per sfruttare appieno il potenziale dell'agrivoltaico e promuovere un futuro sostenibile, in cui energia pulita e produzione alimentare possano coesistere armoniosamente, contribuendo alla conservazione delle risorse naturali e alla mitigazione dei cambiamenti climatici.

Iscriviti alla newsletter per essere aggiornato sulle nuove uscite

gs-publisher.eu

Ambiente, satira ed educazione.

www.ingramcontent.com/pod-product-compliance
Lightning Source LLC
Chambersburg PA
CBHW070816220526
45466CB00002B/686